BEI GRIN MACHT SICH IHR WISSEN BEZAHLT

- Wir veröffentlichen Ihre Hausarbeit,
  Bachelor- und Masterarbeit

- Ihr eigenes eBook und Buch -
  weltweit in allen wichtigen Shops

- Verdienen Sie an jedem Verkauf

Jetzt bei www.GRIN.com hochladen
und kostenlos publizieren

Bibliografische Information der Deutschen Nationalbibliothek:

Die Deutsche Bibliothek verzeichnet diese Publikation in der Deutschen National-
bibliografie; detaillierte bibliografische Daten sind im Internet über http://dnb.d-
nb.de/ abrufbar.

Impressum:

Copyright © 2017 GRIN Verlag, Open Publishing GmbH
Druck und Bindung: Books on Demand GmbH, Norderstedt Germany
ISBN: 9783668521469

Dieses Buch bei GRIN:

http://www.grin.com/de/e-book/373665/analyse-des-datensatzes-space-shuttle-o-
ring-failures-mit-rstudio

Stephan Röß

Analyse des Datensatzes "Space Shuttle O-Ring Failures" mit RStudio

FOM Hochschule für Oekonomie & Management

Studienzentrum Nürnberg

Hausarbeit

zur Erlangung der Prüfungsleistung

Sonstige Beteiligung im Fach Wissenschaftliche Methodik

über das Thema

Analyse des Datensatzes

„Space Shuttle O-ring Failures"

von

Stephan Röß

Semester: 2

Abgabedatum: 31.07.2017

Gliederung

Abkürzungsverzeichnis

F – Fahrenheit

H_0 – Nullhypothese

H_A – Alternativhypothese

IQR – Interquartilsabstand

NASA – National Aeronautics and Space Administration

PSI – Pound-force per square inch, PSI = lbF/in² (englisch Kraftpfund pro Quadratzoll)

SRB – rechten festen Raketenverstärker

1 Einführung in den Datensatz

Unter Verwendung des Programms RStudio wird in der Hausarbeit eine statistische Analyse des Datensatzes „Space Shuttle O-ring Failures" durchgeführt. Im ersten Kapitel wird der Datensatz und dessen Hintergrund näher beschrieben um sich einen exakteren Überblick über das Vorkommnis zu erlangen.

1.1 Beschreibung des Datensatzes

Der Datensatz stammt von dem NASA-Space-Shuttle-Programm und behandelt O-Ring-Ausfälle die zu diesem Zeitpunkt zum schwersten Unglück in der US-Rumfahrtgeschichte führten. Die NASA-Shuttle-Orbiter-Mission STS-51-L startete am 28. Januar 1986 und schon nach 73 Sekunden Flugzeit explodierte die Trägerrakete und tötete alle sieben Besatzungsmitglieder. Die Raumfahrzeuge zerbrach über dem Atlantischen Ozean, vor der Küste von Cape Canaveral, Florida. Die Explosion begann, nachdem ein O-Ring in seinem rechten festen Raketenverstärker (SRB) im Liftoff versagt hatte. Das nicht robuste Design des O-Ring verursachte einen Bruch in der SRB-Verbindung, die es versiegelte, so dass unter Druck gesetztes Gas von dem Raketenmotor nach außen gelang und auf die benachbarten SRB auftraf. Dies führte zu der Trennung der mechanischen Verfestigung und dem strukturellen Ausfall des externen Tanks. Aerodynamische Kräfte zerbrachen den Orbiter.

Der Datensatz wurde im Jahre 1989 erstellt und besteht aus sieben Spalten und 25 Zeilen, die als csv-Datei eingelesen wird, wobei nicht alle der sieben Variablen näher analysiert werden.

Datensatz einlesen und relevante Pakete in R-Studio laden:

```
> SpaceShuttle <- read.csv("https://vincentarelbundock.github.io/Rd
atasets/csv/vcd/SpaceShuttle.csv")
```

Um die Datenanalyse durchführen zu können und grafische Auswertungen zu erhalten sind verschiedene R-Pakete notwendig welche wie folgt geladen werden:

```
> library(ggplot2)
> library(dplyr)
> library(GGally)
> library(dplyr)
> library(RColorBrewer)
> library(maptools)
> library(scatterplot3d)
```

Vorrangig müssen alle R-Pakete installiert werden. Beispielsweise ist für das Paket ggplot2 der Befehl install.packages("ggplot2") auszuführen.

1.2 Variablendeskription

Im Folgenden werden alle Variablen des Datensatzes ausführlich erläutert und die Eigenschaften der Merkmale dargestellt.

Hierzu wird erstmals die Struktur der Daten in R dargestellt um dies zu interpretieren.

```
> str(SpaceShuttle)
'data.frame':    24 obs. of  7 variables:
 $ X            : int  1 2 3 4 5 6 7 8 9 10 ...
 $ FlightNumber: Factor w/ 24 levels "1","2","3","4",..: 1 2 3 4 9
18 22 23 24 5 ...
 $ Temperature : int  66 70 69 80 68 67 72 73 70 57 ...
 $ Pressure    : int  50 50 50 50 50 50 50 50 100 100 ...
 $ Fail        : Factor w/ 2 levels "no","yes": 1 2 1 NA 1 1 1 1 1
2 ...
 $ nFailures   : int  0 1 0 NA 0 0 0 0 0 1 ...
 $ Damage      : int  0 4 0 NA 0 0 0 0 0 4 ...
> head(SpaceShuttle)
  X FlightNumber Temperature Pressure Fail nFailures Damage
1 1            1          66       50   no         0      0
2 2            2          70       50  yes         1      4
3 3            3          69       50   no         0      0
4 4            4          80       50 <NA>        NA     NA
5 5            5          68       50   no         0      0
6 6            6          67       50   no         0      0
```

X

Eine fortlaufende Nummer der Starts der verschiedenen Space-Shuttle Flüge.

Skalenniveau: Diskrete Variable, intervallskaliert, willkürlich definierter Nullpunkt.

Kontinuität: Diskret, fortlaufende Zahl ohne Nachkommastelle.

R-Datentyp: Integer.

FlightNumber – Number of Space Shuttle flight.

Die Nummer des Space-Shuttle Fluges.

Skalenniveau: Kategoriale Variable, nominalskaliert.

Kontinuität: Diskret skalierte Variable mit 24 definierten Ausprägungen.

R-Datentyp: Factor.

Temperature - temperature during start (in degrees F).

Temperaturangabe während des Starts (in Grad Fahrenheit)

Skalenniveau: Metrische Variable, intervallskaliert, willkürlich definierter Nullpunkt.

Kontinuität: Stetige Variable

R-Datentyp: Integer

Pressure – Pressure.

Die Variable Pressure zu Deutsch Druck wird in Pound-force per square inch (PSI) darge-stellt. 1PSI = 0,0689 Bar

Skalenniveau: Metrische Variable, verhältnisskaliert, absoluter Nullpunkt.

Kontinuität: Stetige Variable

R-Datentyp: Integer

Fail - did any O-ring failures occur? (no, yes).

Die Variable Fail gibt an, ob ein Fehler an den O-Ringen aufgetreten ist oder nicht.

Skalenniveau: Qualitative Variable, nominalskaliert.

Kontinuität: Diskret skalierte Variable mit 2 definierten Ausprägungen

R-Datentyp: Factor

nFailures - how many (of six) 0-rings failed?

nFailures stellt die Anzahl der fehlerhaften O-Ringe, wobei insgesamt sechs O-Ringe ver-baut waren.

Skalenniveau: Metrische Variable, intervallskaliert, absoluter Nullpunkt.

Kontinuität: Stetige Variable

R-Datentyp: Integer

Damage - damage index.

Eine Variable über das Schadensausmaß.

Skalenniveau: Metrische Variable, intervallskaliert, verhältnisskaliert, absoluter Nullpunkt.

Kontinuität: Stetige Variable

R-Datentyp: Integer

Der Datensatz wird auf fehlende Angaben hin analysiert.

```
> is.na(SpaceShuttle)
          X FlightNumber Temperature Pressure  Fail nFailures Damage
 [1,] FALSE        FALSE       FALSE    FALSE FALSE     FALSE  FALSE
 [2,] FALSE        FALSE       FALSE    FALSE FALSE     FALSE  FALSE
 [3,] FALSE        FALSE       FALSE    FALSE FALSE     FALSE  FALSE
 [4,] FALSE        FALSE       FALSE    FALSE  TRUE      TRUE   TRUE
 [5,] FALSE        FALSE       FALSE    FALSE FALSE     FALSE  FALSE
 [6,] FALSE        FALSE       FALSE    FALSE FALSE     FALSE  FALSE
 [7,] FALSE        FALSE       FALSE    FALSE FALSE     FALSE  FALSE
 [8,] FALSE        FALSE       FALSE    FALSE FALSE     FALSE  FALSE
 [9,] FALSE        FALSE       FALSE    FALSE FALSE     FALSE  FALSE
[10,] FALSE        FALSE       FALSE    FALSE FALSE     FALSE  FALSE
[11,] FALSE        FALSE       FALSE    FALSE FALSE     FALSE  FALSE
[12,] FALSE        FALSE       FALSE    FALSE FALSE     FALSE  FALSE
[13,] FALSE        FALSE       FALSE    FALSE FALSE     FALSE  FALSE
[14,] FALSE        FALSE       FALSE    FALSE FALSE     FALSE  FALSE
[15,] FALSE        FALSE       FALSE    FALSE FALSE     FALSE  FALSE
[16,] FALSE        FALSE       FALSE    FALSE FALSE     FALSE  FALSE
[17,] FALSE        FALSE       FALSE    FALSE FALSE     FALSE  FALSE
[18,] FALSE        FALSE       FALSE    FALSE FALSE     FALSE  FALSE
[19,] FALSE        FALSE       FALSE    FALSE FALSE     FALSE  FALSE
[20,] FALSE        FALSE       FALSE    FALSE FALSE     FALSE  FALSE
[21,] FALSE        FALSE       FALSE    FALSE FALSE     FALSE  FALSE
[22,] FALSE        FALSE       FALSE    FALSE FALSE     FALSE  FALSE
[23,] FALSE        FALSE       FALSE    FALSE FALSE     FALSE  FALSE
[24,] FALSE        FALSE       FALSE    FALSE FALSE     FALSE  FALSE
> SpaceShuttle_noNA <- na.omit(SpaceShuttle)
```

Zeile Nummer Vier, die keine Daten enthält wird im Fortlauf aus dem Datensatz entfernt. Da sich die Variable FlightNumber als diskret skalierte Variable mit maximal 24 definierten Ausprägungen nicht eignet sinnvoll auszuwerten wird diese Variable weiterhin aus dem Datensatz ebenfalls entfernt. Die Variable Fail (Factor) wird in eine neue Variable "Output" als Datentyp Numeric gewandelt und das Ergebnis wird in einer neuen Matrix „SpaceShuttle_noNA" ausgegeben.

```
> SpaceShuttle_noNA <- na.omit(SpaceShuttle)
> SpaceShuttle_noNA$"FlightNumber" <- NULL
> SpaceShuttle_noNA$Output <- ifelse(SpaceShuttle_noNA$Fail == "yes"
, 1,0)
> str(SpaceShuttle_noNA)
'data.frame':  23 obs. of  7 variables:
 $ X          : int  1 2 3 5 6 7 8 9 10 11 ...
 $ Temperature: int  66 70 69 68 67 72 73 70 57 63 ...
 $ Pressure   : int  50 50 50 50 50 50 50 100 100 200 ...
 $ Fail       : Factor w/ 2 levels "no","yes": 1 2 1 1 1 1 1 1 2 2 .
..
 $ nFailures  : int  0 1 0 0 0 0 0 0 1 1 ...
 $ Damage     : int  0 4 0 0 0 0 0 0 4 2 ...
 $ Output     : num  0 1 0 0 0 0 0 0 1 1 ...
 - attr(*, "na.action")=Class 'omit'  Named int 4
  .. ..- attr(*, "names")= chr "4"
```

2   Deduktive Analyse

In der deduktiven Analyse wird der klassische Forschungsansatz verfolgt, dass durch logische Hypothesen die Theorien zu beweisen oder zu wiederlegen.

2.1   Formulierung der Forschungsfrage und Hypothesendefinition

Identisch der Forschungsarbeit der NASA soll sich die Forschung der Arbeit damit beschäftigen Zusammenhänge zwischen den Einflussfaktoren und dem Fehlerauftreten des Unglücks zu identifizieren. Hierzu werden Hypothesen als mögliche Kausalketten erstellt um denkbare Zusammenhänge zu analysieren. Die Hypothesen werden gemäß der wissenschaftlichen Statistik als unspezifische Nullhypothese formuliert.

H1: Es besteht kein Zusammenhang zwischen der Temperatur und der Fehlerintensität Damage.

H2: Es besteht kein Zusammenhang zwischen dem Druck (Pressure) und der Fehlerintensität Damage.

H3: Es besteht kein Zusammenhang zwischen der Temperatur und dem Ausfallindex Fail bzw. Output.

Zu allen formulierten Null-Hypothesen (H_0) lassen sich die Alternativhypothesen (H_A) aufstellen und ein möglicher Zusammenhang kann abgeleitet werden.

2.2   Deskriptive Statistiken

Im ersten Schritt der statistischen Analyse wird ein Überblick über die Daten erstellt um diese im Weiteren deskriptiv zu beschrieben.

```
> summary(SpaceShuttle_noNA)
      X             Temperature       Pressure        Fail
 Min.   : 1.00    Min.   :53.00    Min.   : 50.0    no :16
 1st Qu.: 7.50    1st Qu.:67.00    1st Qu.: 50.0    yes: 7
 Median :13.00    Median :70.00    Median :200.0
 Mean   :12.87    Mean   :69.57    Mean   :145.7
 3rd Qu.:18.50    3rd Qu.:75.00    3rd Qu.:200.0
 Max.   :24.00    Max.   :81.00    Max.   :200.0

   nFailures          Damage           Output
 Min.   :0.0000    Min.   : 0.000    Min.   :0.0000
 1st Qu.:0.0000    1st Qu.: 0.000    1st Qu.:0.0000
 Median :0.0000    Median : 0.000    Median :0.0000
 Mean   :0.3913    Mean   : 1.609    Mean   :0.3043
 3rd Qu.:1.0000    3rd Qu.: 4.000    3rd Qu.:1.0000
 Max.   :2.0000    Max.   :11.000    Max.   :1.0000
```

X:

```
> str(SpaceShuttle$X)
 int [1:24] 1 2 3 4 5 6 7 8 9 10 ...
```

Die fortlaufende Nummer der Starts des Space Shuttle verläuft von 1 - 24, wobei Zeile 4 gelöscht wurde. Die Variable kann als Zeitachse verwendet werden.

Temperature:

```
> summary(SpaceShuttle_noNA$Temperature)
   Min. 1st Qu.  Median    Mean 3rd Qu.    Max.
  53.00   67.00   70.00   69.57   75.00   81.00
> sd(SpaceShuttle_noNA$Temperature)
[1] 7.05708
> IQR(~Temperature, data =SpaceShuttle_noNA)
[1] 8
```

Die Temperatur lag zwischen 53 und 81 Grad Fahrenheit. Im Durchschnitt bei 69,57 Grad Fahrenheit, was annähend dem Median von 70 Grad Fahrenheit entspricht. Da das 1. und 3. Quartil symmetrisch verteilt sind, die Minimal- und Maximalwerte dies ebenfalls sind, kann von einer Normalverteilung ausgegangenen werden. Die Standardabweichung (Sd) beträgt 7,05 Grad Fahrenheit und der Interquartilsabstand (IQR) beträgt 8 Grad Fahrenheit.

In einem Boxplot wird nochmal die Verteilung der Daten verdeutlicht.

```
qplot(x = "Boxplot",  y = Temperature,  geom = "boxplot",  data =
SpaceShuttle_noNA,        fill=I("turquoise4"),        col=I("black"),
main="Boxplot Temperatur")
```

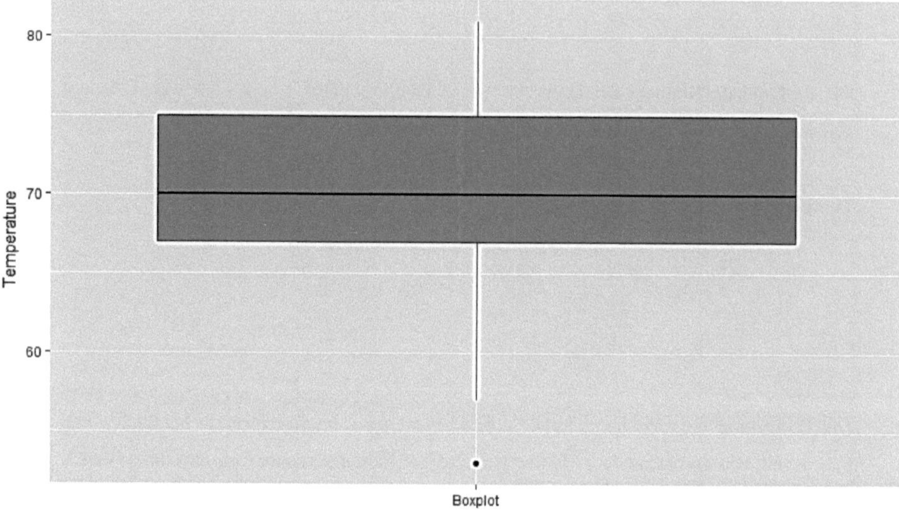

Pressure:

```
> summary(SpaceShuttle_noNA$Pressure)
   Min. 1st Qu.  Median    Mean 3rd Qu.    Max.
   50.0    50.0   200.0   145.7   200.0   200.0
> sd(SpaceShuttle_noNA$Pressure)
[1] 70.5708
> IQR(~Pressure, data =SpaceShuttle_noNA)
[1] 150
```

Zwischen 50 und 200 PSI lagen die Werte des Druckes. Der Durchschnitt betrug 145,7 PSI. Der Median, das 75. Perzentil und der Maximalwert sind identisch was für eine starke nicht symmetrische Verteilung spricht. Die Sd beträgt 70,57 PSI und der IQR zählt 150 PSI.

In einem Boxplot wird nochmal die Verteilung der Daten verdeutlicht.

```
qplot(data= SpaceShuttle_noNA, x = Pressure, fill=I("turquoise4"),
col=I("black"), main="Histogramm Pressure")
```

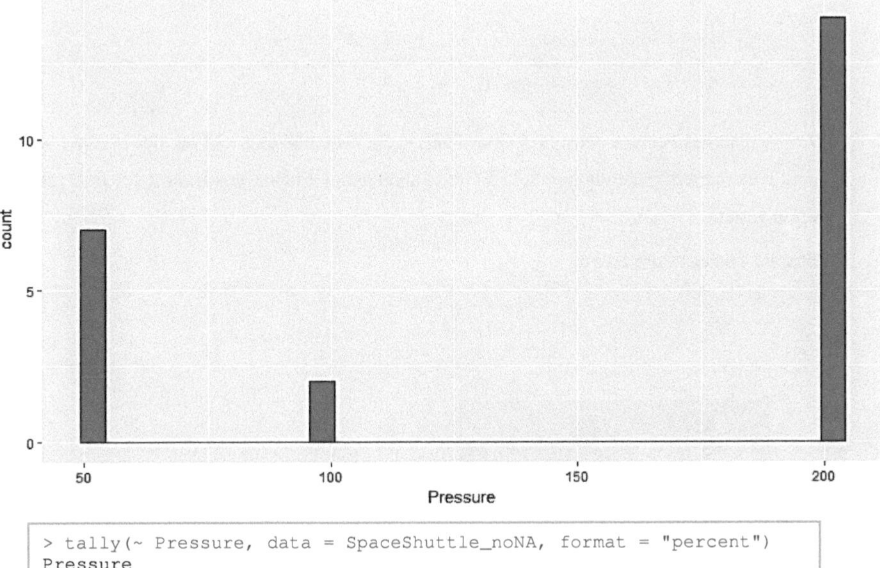

```
> tally(~ Pressure, data = SpaceShuttle_noNA, format = "percent")
Pressure
        50        100        200
30.434783   8.695652  60.869565
```

Der Druck war zu 30,43% bei 50 PSI, zu 8,69% bei 100 PSI und zu 60,87% bei 200 PSI.

Fail:

Die nominalskaliere Variable Fail gibt in „yes" oder „no" an, ob ein Fehler vorlag.

```
> table(SpaceShuttle_noNA$Fail)

 no yes
 16   7
> tally(~ Fail, data = SpaceShuttle_noNA, format = "percent")
Fail
       no       yes
69.56522  30.43478
```

Siebenmal trat ein Fehler auf und 16 mal nicht. Was einem Fehleranteil von 30,43% entspricht.

Der Einfluss der Temperatur auf den Ausfallmechanismus wird analysiert.

```
> median(Temperature ~ Fail, data = SpaceShuttle_noNA)
 no yes
 71  63
> qplot(y = Temperature, x = "Fail", data = SpaceShuttle_noNA, face
ts =  ~Fail, geom = "boxplot", fill=I("turquoise4"), col=I("black")
, main="Boxplot Temperature zu Fail")
```

Der Median bei Fehlern betrug 63 Grad Fahrenheit. Gegenübergestellt lag der Median bei nicht fehlerhaften Flügen höher, bei 71 Grad Fahrenheit. Der Boxplot kommt der Interpretation zugute.

Boxplot Temperature zu Fail

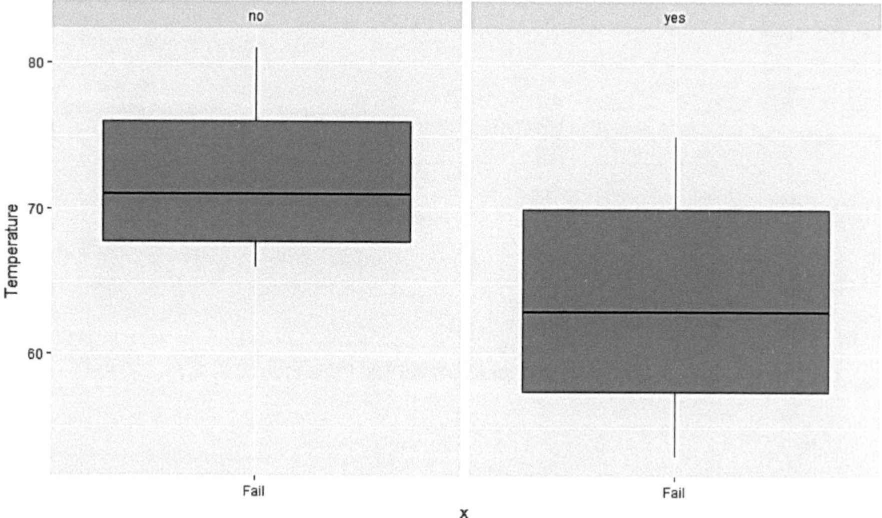

nFailures:

nFailures repräsentiert eine Datenreihe mit möglichen Werten von 0 bis 6, diese der Anzahl der fehlerhaften O-Ringe im Space Shuttle entspricht.

```
> summary(SpaceShuttle_noNA$nFailures)
   Min. 1st Qu.  Median    Mean 3rd Qu.    Max.
 0.0000  0.0000  0.0000  0.3913  1.0000  2.0000
> sd(SpaceShuttle_noNA$nFailures)
[1] 0.6563764
> IQR(~nFailures, data =SpaceShuttle_noNA)
[1] 1
> table(SpaceShuttle_noNA$nFailures)

 0  1  2
16  5  2
> tally(~ nFailures, data = SpaceShuttle_noNA, format = "percent")
nFailures
        0         1         2
69.565217 21.739130  8.695652
```

Der Durchschnitt lag bei 0,39 Fehlern. Maximal traten Fehler an zwei O-Ringen des Space Shuttles auf. Die Standardabweichung beträgt 0,66. Bei 69,57% der Fälle traten keine Fehler auf. 5 mal wurde 1 O-Ring beschädigt und 2 mal wurden sogar zwei O-Ringe beschädigt, was das folge Histogramm nochmals darstellt.

```
> qplot(data= SpaceShuttle_noNA, x = nFailures, fill=I("turquoise4"
), col=I("black"), main="Histogramm nFailures")
```

Histogramm nFailures

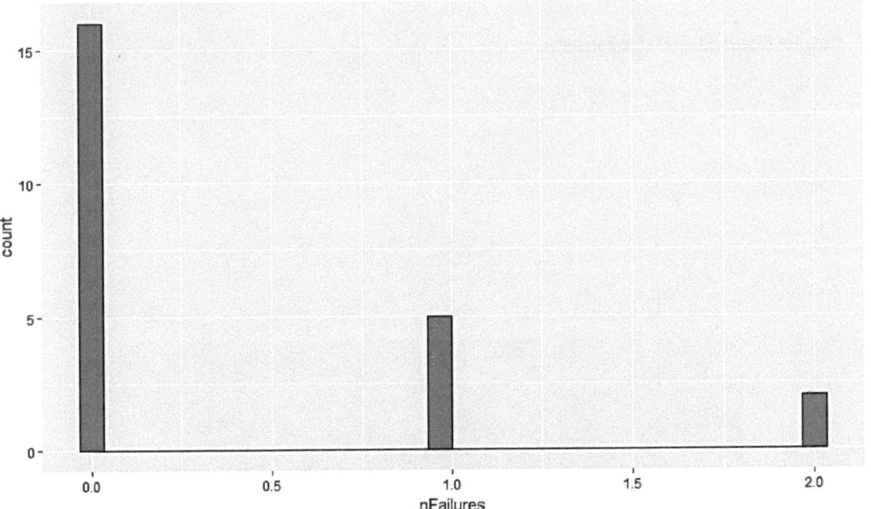

Damage:

```
> summary(SpaceShuttle_noNA$Damage)
   Min. 1st Qu.  Median    Mean 3rd Qu.    Max.
  0.000   0.000   0.000   1.609   4.000  11.000
> sd(SpaceShuttle_noNA$Damage)
[1] 2.709229
> IQR(~Damage, data =SpaceShuttle_noNA)
[1] 4
> table(SpaceShuttle_noNA$Damage)

 0  2  4 11
15  1  6  1
> tally(~ Damage, data = SpaceShuttle_noNA, format = "percent")
Damage
        0         2         4        11
65.217391  4.347826 26.086957  4.347826
```

Im Mittel trat eine Fehlerintensität von 1,6 bei einer Standardabweichung von 2,71 auf. Insgesamt sind in der Variablen Damage ein Fehler mehr als bei den andere beiden bisher analysierten Fehlermesseinheiten.

In einem Boxplot, werden die Einzelwerte mit der R-Funktion Jitter und die Verteilung der Daten dargestellt.

```
> qplot(x = "Boxplot", y = Damage, geom = c("jitter", "boxplot"), d
ata = SpaceShuttle_noNA, fill=I("turquoise4"), col=I("black"), main
="Boxplot Damage, inkl. Einzelwerte")
```

Boxplot Damage, inkl. Einzelwerte

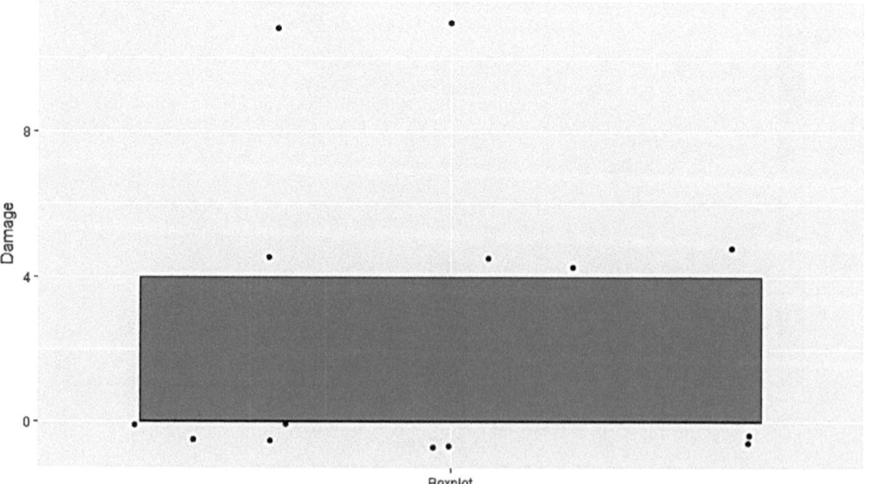

Es ist deutlich sichtbar das keine Normalverteilung der Daten vorliegt. Zu beachten ist weiterhin das die Fehlerintensität einmal aus statistischer Ausreißer und wiederrum als Jitter-Punkt, somit doppelt, eingezeichnet ist.

In einem Kuchendiagramm (Pie Chart) wird die relative Anzahl der Fehlerintensität nochmals dargestellt. Hierzu wird die Variable an der Pie Chart Funktion zugeordnet. Ein Prozentwert der Variablen wird errechnet welcher in die Beschriftung integriert wird und das Diagramm wird in einer angepassten Größe erstellt.

```
> pie.sales <- c(Dam)
> perc <- sapply(X=pie.sales,FUN=function(x) x/sum(pie.sales)*100)
> names(pie.sales) <- paste(perc,"% Fehlerint. ",names(pie.sales),
sep=" " )
> pie(pie.sales,  col = c("white", "turquoise1", "turquoise4", "bla
ck"), main="Pie Chart Damage", radius = 0.5, len = 0.6, lengap = 0.
3)
```

Pie Chart Damage

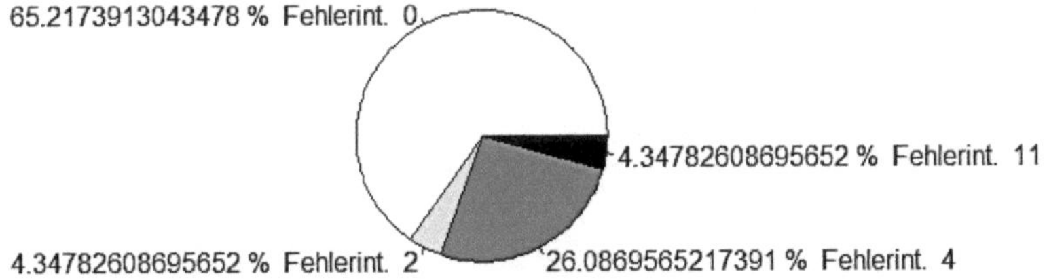

Es ist ersichtlich das zu 65,22% kein Schaden verzeichnet wurde. Zu jeweils 4,35% lag die Fehlerintensität bei 2 oder 11 und zu 26% war die Fehlerintensität bei 4.

Output:

Die Variable Output zeigt identisch der Variable Fail an ob ein Fehler vorlag. Der Datentyp wurde jedoch in einen numerischen R-Datentyp geändert, sodass sich verschiedene Berechnungen und weitere Interpretationsmöglichkeiten ermöglichen. Zusammengefasst lassen sich die Daten mit den folgenden Befehlen beschreiben.

```
> summary(SpaceShuttle_noNA$Output)
   Min. 1st Qu.  Median    Mean 3rd Qu.    Max.
 0.0000  0.0000  0.0000  0.3043  1.0000  1.0000
> sd(SpaceShuttle_noNA$Output)
[1] 0.470472
> IQR(~Output, data =SpaceShuttle_noNA)
[1] 1
> table(SpaceShuttle_noNA$Output)

 0  1
16  7
> tally(~ Output, data = SpaceShuttle_noNA, format = "percent")
Output
       0        1
69.56522 30.43478
```

2.3 Diagramme und Effekte

In diesem Unterkapitel werden die Diagramme zu den Hypothesen erstellt. Hierzu werden mögliche Zusammenhänge erstmals grafisch visualisiert. Anschließend werden die zugehörigen Korrelationen und Regressionen abgeleitet um die kennzeichnenden Effekte deskriptiv zu beschreiben.

Alle drei Hypothesen lassen sich zusammengefasst und schnell mit ff. Matrix analysieren, auf Basis dieser ebenfalls die ersten Korrelationen zwischen Temperatur, Druck und Damage ermittelt werden.

```
ggpairs (SpaceShuttle_noNA, aes(color = Fail), columns =
c("Temperature", "Pressure", "Fail", "Damage"), title = "Diagramm
Matrix")
```

Diagramm Matrix

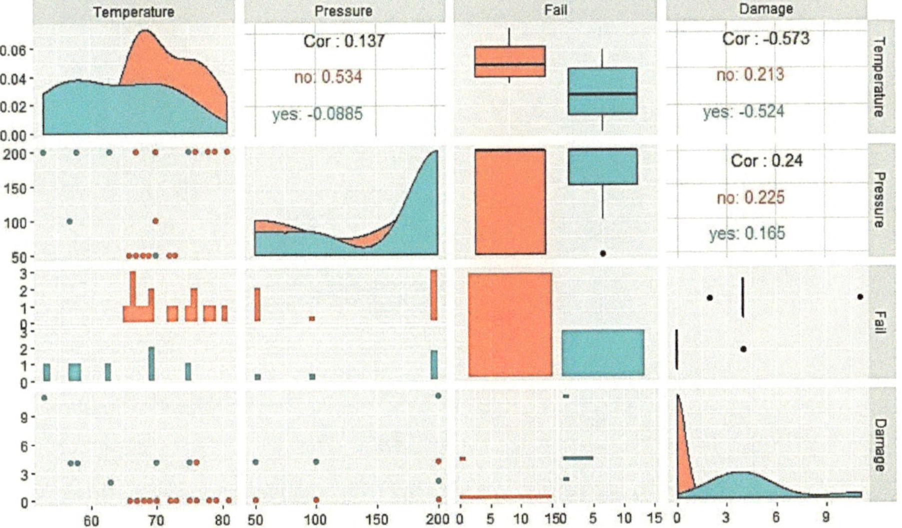

H1: Kein Zusammenhang zwischen Temperatur und Fehlerintensität Damage.

Der Korrelationskoeffizienten von -0,573, aus der Diagramm Matrix zeigt einen mittleren negativen linearen Zusammenhang zwischen der Temperatur und Damage.

Anhand der Glatte- oder Holomorphe Funktion, die unendlich oft differenzierbar und somit insbesondere stetig ist, wird eine graphische Darstellung erstellt die den Zusammenhang der Funktion erkennen lässt.

```
qplot(x = Temperature, y = Damage, data = SpaceShuttle_noNA, geom =
c("point", "smooth"), main="Holomorphe Funktion Temperatur zu Dam-
age")
```

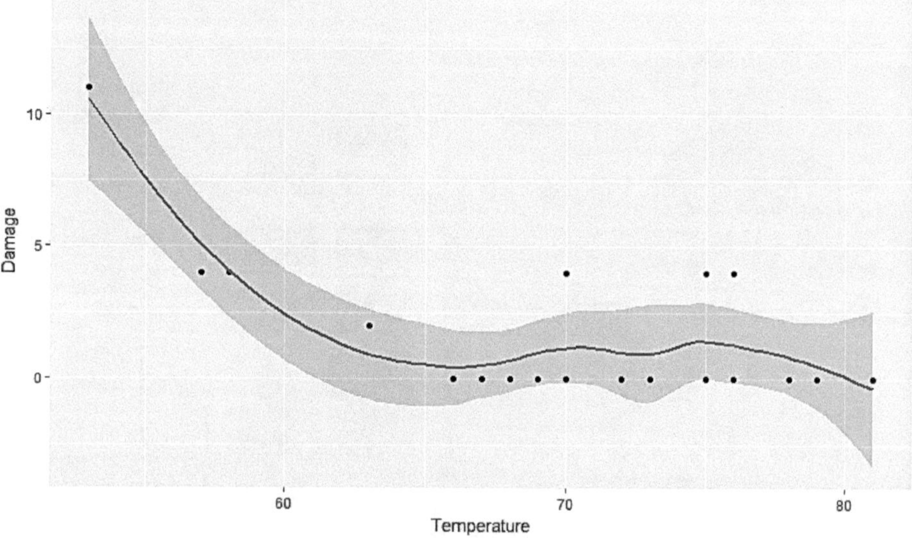

Aus der Holomorphe Funktion ist klar ersichtlich, dass bei geringeren Temperaturen eine höhere Fehlerwahrscheinlichkeit besteht als bei höheren Temperaturen.

Die zugehörige lineare Regression wird anhand der R-Funktion lm graphisch visualisiert. Der Null-Achsenabschnitt der Temperatur (Intercept) und der zugehörige Einfluss des Druckes wird mittels der Steigung bzw. anhand des Prädiktors ermittelt.

```
> qplot(data = SpaceShuttle_noNA, x = Temperature, y = Damage, geom
= "point", main="Regression Temperatur zu Damage") + geom_smooth(me
thod = "lm")
> lm (Damage ~ Temperature, data = SpaceShuttle_noNA)

Call:
lm(formula = Damage ~ Temperature, data = SpaceShuttle_noNA)

Coefficients:
(Intercept)    Temperature
    16.9048        -0.2199
```

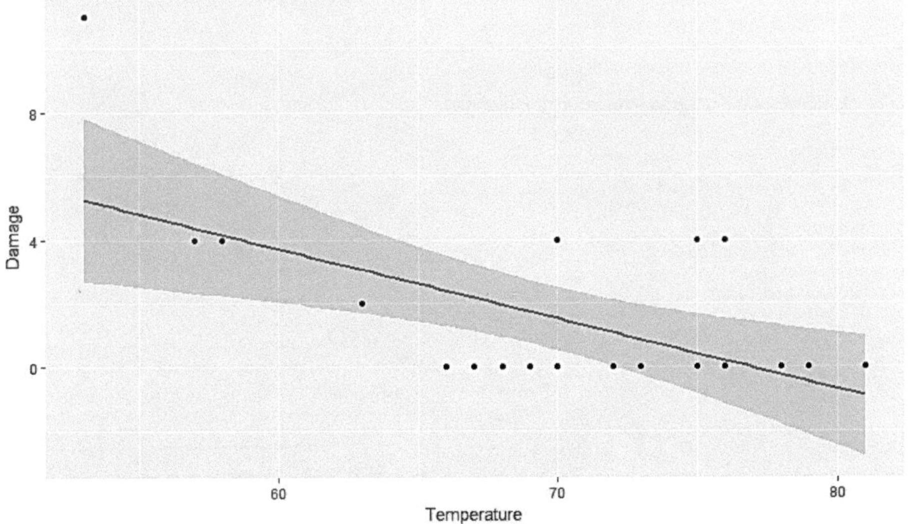

Die Grafik verdeutlicht nochmals, dass bei geringen Temperaturen die lineare Fehlerwahrscheinlichkeit höher liegt als bei höheren Temperaturen.

Der Null-Achsenabschnitt der Temperatur beträgt 16.9048 Grad Fahrenheit und die Steigung der Funktion beträgt -0.2199. Anhand der linearen Regressionsgeraden beträgt der Fehlerindex beispielsweise 1,51 Damage, bei einer Temperatur von 70 Grad Fahrenheit.

$$y(70) = t + m * x = 16.90 - 0.2199 * 70 = 16.90 - 15.39 = 1{,}51$$

Alternativ kann die Berechnung auf mit dem Programm R durchgeführt werden.

```
> RegModell.1 <- lm (Damage ~ Temperature, data = SpaceShuttle_noNA
)
> predict(RegModell.1, data.frame(Temperature = 70))
       1
1.513095
```

H2: Kein Zusammenhang zwischen Pressure und Fehlerintensität Damage.

Der Korrelationskoeffizienten von 0,24 zeigt einen schwachen positiven linearen Zusammenhang zwischen der Temperatur und der Fehlerintensität Damage.

Um den Zusammenhang der Funktion dazustellen wird identisch zu H1 die Holomorphe Funktion der Funktion dargestellt.

```
> qplot(x = Pressure, y = Damage, data = SpaceShuttle_noNA, geom =
c("point", "smooth"), main = "Holomorphe Funktion Pressure zu Damag
e")
```

Holomorphe Funktion Pressure zu Damage

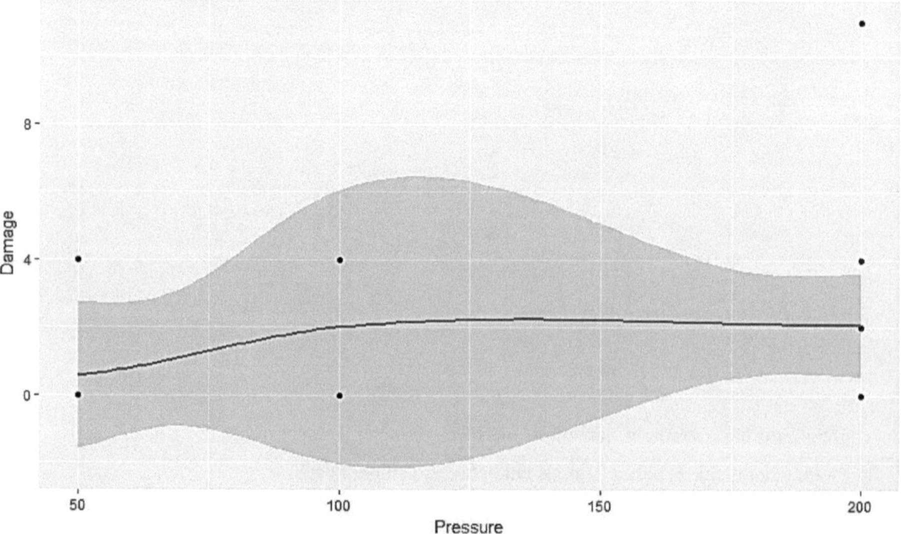

Der schwache positive Zusammenhang zwischen der Temperatur und der Fehlerintensität Damage ist graphisch nochmals ersichtlich.

Die R-Funktion lm visualisiert und analysiert wiederum den zugehörigen Einfluss des Druckes, zusätzlich wird die Stärke der Schadensintensität nochmals graphisch besser visualisiert.

```
qplot(data = SpaceShuttle_noNA, x = Pressure, y = Damage, geom = "p
oint", size = Damage, main = "Regression Pressure zu Damage") + geo
m_smooth(method = "lm")
```

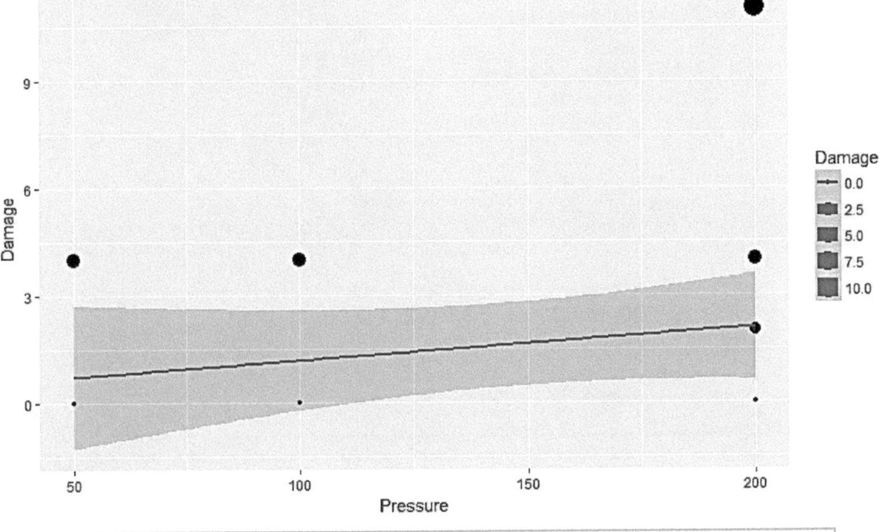


```
> lm (Damage ~ Pressure, data = SpaceShuttle_noNA)

Call:
lm(formula = Damage ~ Pressure, data = SpaceShuttle_noNA)

Coefficients:
(Intercept)      Pressure
   0.264881      0.009226
```

Der Null-Achsenabschnitt des Druckes beträgt 0.264881 PSI und die Steigung der Funktion ergibt 0.009226. Anhand der linearen Regression zählt der Fehlerindex Damage beispielsweise 2,11, bei einem Druck von 200 PSI.

$$y(200) = t + m * x = 0{,}0264 + 0{,}00922 * 200 = 0{,}2648 + 1{,}8452 = 2{,}11$$

H1+H2 Regressionsmodell Temperatur und Druck auf Fehlerintensität Damage

Gemäß der statistischen Versuchsplanung wird ein Regessionsmodel der Temperatur und des Drucks auf den Schadensindex berechnet. Hierzu wird erstmals der Datensatz auf die relevanten Variablen reduziert und anschließend das Modell erzeugt.

```
> SpaceShuttle_noNA$"X" <- NULL
> SpaceShuttle_noNA$"FlightNumber" <- NULL
> SpaceShuttle_noNA$"Fail" <- NULL
> SpaceShuttle_noNA$"nFailures" <- NULL
> s3d <- with(SpaceShuttle, {
+    scatterplot3d(Temperature,
+                  Pressure,
+                  Damage,
+                  color="blue", pch=19,
+                  type="h",
+                  highlight.3d = Damage,
+                  main="Regressionsmodell (via 3-D Scatterplot) ")
+ })
> plane <- lm(SpaceShuttle$Damage ~ SpaceShuttle$Temperature + Spac
eShuttle$Pressure)
> s3d$plane3d(plane)
```

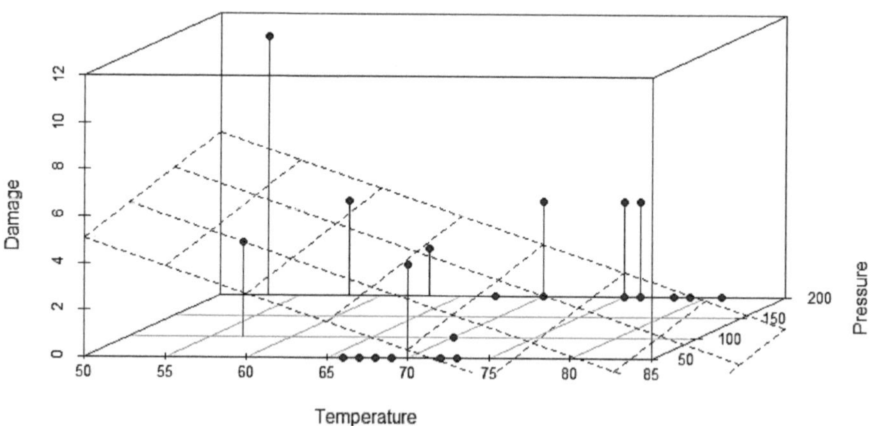

In dem 3D Scatterplot wird durch die schieflage der Regressionsebene begreiflich das ein Einfluss zwischen dem Druck und der Temperatur besteht.

Die zugehörige Regressionsfläche wird ermittelt.

```
> lm(formula = Damage ~ Temperature + Pressure, data = SpaceShuttle
_noNA)

Call:
lm(formula = Damage ~ Temperature + Pressure, data = SpaceShuttle_n
oNA)

Coefficients:
(Intercept)   Temperature      Pressure
   16.28048      -0.23705       0.01249
```

Der Null-Achsenabschnitt von Damage beträgt 16,28. Die Steigung der Einflussfaktoren beträgt für die Temperatur -0.0237 pro Grad Fahrenheit. Der Druck verzeichnet eine Steigung von 0,0125. Anhand der linearen Regression zählt der Fehlerindex Damage bei einer Temperatur von 50 Grad Fahrenheit und einem Druck von 50 PSI beispielweise 5,58.

$$y(50,50) = t + a * \text{Temp} + b * \text{Pressure}$$
$$= 16,8048 - 0,23705 * 50 + 0,01249 * 50$$
$$= 5,58$$

Der Datensatz wird erneut eingelesen und wie einleitend beschreiben aufbereitet.

H3: Kein Zusammenhang zwischen Temperatur und Ausfallindex Fail bzw. Output.

Aus dem Boxplot in Kapitel 2.2 war ersichtlich, dass die durchschnittliche Temperatur bei den Ausfällen höher liegt als bei nicht fehlerhaften Starts.

Anhand der logistischen Regression wird die Schätzung der Einflussfaktoren nach der Maximum-Likelihood-Methode berechnet. R verwendet hierfür die glm Funktion (Generalisierte lineare Modelle).

```
> glm(formula = Fail ~ Temperature, family = binomial(link = "logit
"), data = SpaceShuttle_noNA)

Call:  glm(formula = Fail ~ Temperature, family = binomial(link = "
logit"),
    data = SpaceShuttle_noNA)

Coefficients:
(Intercept)   Temperature
    15.0429        -0.2322

Degrees of Freedom: 22 Total (i.e. Null);   21 Residual
Null Deviance:       28.27
Residual Deviance: 20.32        AIC: 24.32
> logisticresults <- glm(Fail ~ Temperature, data=SpaceShuttle_noNA
, family=binomial(link="logit"))
> plot(fitted(logisticresults)~SpaceShuttle_noNA$Temperature, main
= "Logistische Regression")
```

Bei 80 Grad Fahrenheit liegt die Fehlerwahrscheinlichkeit bei 2,84%.

$$P(x) = \hat{\pi} = \frac{e^{a+b*Temp}}{1+e^{a+b*Temp}} = \frac{e^{15.0429-0.2322*80}}{1+e^{15.0429-0.2322*80}} = 0{,}02838 = 2{,}84\%$$

Über die logistische Transformation kann der Modellansatz visualisiert werden.

Logistische Regression

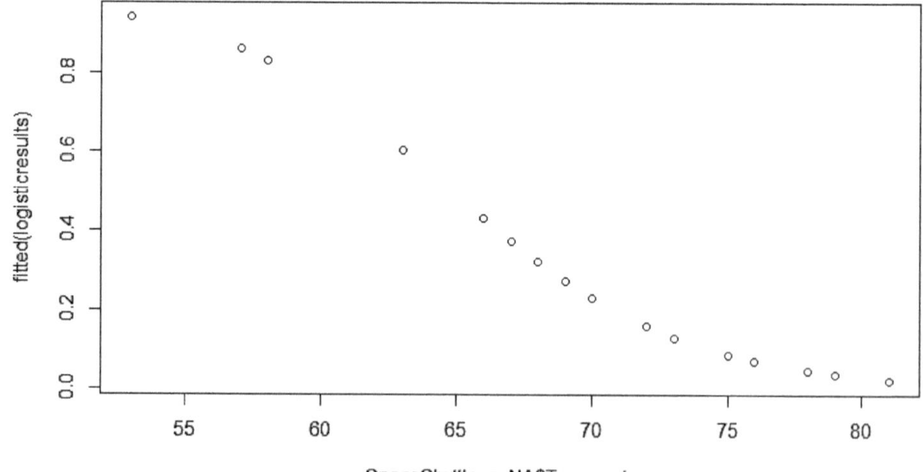

2.4 Signifikanztest

Anhand von statistischen Test wird die statistische Signifikanz der Hypothesen geprüft.
Mittels des p-Wertes wird das Überschreiten einer Irrtumswahrscheinlichkeit berechnet.
Die Nullhypothesen werden auf das Signifikanzniveau α von 0,05 bzw. 5% geprüft.

H1: Kein Zusammenhang zwischen Temperatur und Fehlerintensität Damage.
Mittels der Befehle cor.test und summary können von der Funktion die wichtigsten
Daten zur Interpretation der Signifikanz dargestellt werden.

```
> lmH1 <- lm (Damage ~ Temperature, data = SpaceShuttle_noNA)
> summary(lmH1)

Call:
lm(formula = Damage ~ Temperature, data = SpaceShuttle_noNA)

Residuals:
    Min      1Q  Median      3Q     Max
-2.3926 -1.6230 -0.4137  0.6857  5.7489

Coefficients:
            Estimate Std. Error t value Pr(>|t|)
(Intercept) 16.90476    4.80065   3.521  0.00203 **
Temperature -0.21988    0.06867  -3.202  0.00428 **
---
Signif. codes:  0 '***' 0.001 '**' 0.01 '*' 0.05 '.' 0.1 ' ' 1

Residual standard error: 2.273 on 21 degrees of freedom
Multiple R-squared:  0.328,    Adjusted R-squared:  0.296
F-statistic: 10.25 on 1 and 21 DF,  p-value: 0.004285

> cor.test(SpaceShuttle_noNA$Damage, SpaceShuttle_noNA$Temperature)

        Pearson's product-moment correlation

data:  SpaceShuttle_noNA$Damage and SpaceShuttle_noNA$Temperature
t = -3.2019, df = 21, p-value = 0.004285
alternative hypothesis: true correlation is not equal to 0
95 percent confidence interval:
 -0.7968309 -0.2101690
sample estimates:
       cor
-0.5727524
```

Die Verteilung der Residuen wird ermittelt. Es werden dabei Minimum, Maximum,
25%-und 75%-Quantil und der Median angegeben. Die Koeffizienten geschätzt (Esti-
mate), deren empirische Standardabweichung (Std. Error) wird angegeben, die
Teststatistik (t-value) zum Test der Nullhypothese wird dargestellt. Der zur der zur
Teststatistik gehörende p-Wert für den Intercept 0,00203 und für die Temperatur
0,00428 wird ermittelt. Der Residual standard error beschreibt die Wurzel der Residu-

enquadratsumme geteilt durch die Anzahl der Freiheitsgrade (df). Die nächste Zeile beschreibt die unzentrierte und das zentrierte R^2, die einen prozentualen Wert für den Erklärungsgehalt des Modells liefern. Fortfolgend wird die Statistik des umfassenden F–Tests der Funktion und den p-Wert zur Interpretation der Nullhypothese. Da der p-Wert 0.004285 misst, muss die Nullhypothese verworfen werden und die Alternativhypothese wird angenommen. Somit besteht ein Zusammenhang zwischen der Temperatur und der Fehlerintensität Damage. Der Befehl cor.test gibt zusätzlich noch das zugehörige Konfidenzintervall an.

H2: Kein Zusammenhang zwischen Pressure und Fehlerintensität Damage.

Identisch der H1 werden die wichtigsten Kennzahlen für die zum Signifikanztest ermittelt.

```
> summary(lmH2)

Call:
lm(formula = Damage ~ Pressure, data = SpaceShuttle_noNA)

Residuals:
    Min      1Q  Median      3Q      Max
-2.1101 -2.1101 -0.7262  1.8899  8.8899

Coefficients:
             Estimate Std. Error t value Pr(>|t|)
(Intercept) 0.264881   1.310683   0.202    0.842
Pressure    0.009226   0.008132   1.135    0.269

Residual standard error: 2.692 on 21 degrees of freedom
Multiple R-squared:  0.05776,  Adjusted R-squared:  0.01289
F-statistic: 1.287 on 1 and 21 DF,  p-value: 0.2693

> cor.test(SpaceShuttle_noNA$Damage, SpaceShuttle_noNA$Pressure)

        Pearson's product-moment correlation

data:  SpaceShuttle_noNA$Damage and SpaceShuttle_noNA$Pressure
t = 1.1346, df = 21, p-value = 0.2693
alternative hypothesis: true correlation is not equal to 0
95 percent confidence interval:
 -0.1907743  0.5937136
sample estimates:
      cor
0.2403265
```

Der p-value der einzelnen Faktoren der Gesamtfunktion liegen über 0,05. Da das Signifikanzniveau α von 0,05 überschritten ist wird die Nullhypothesen bestätigt. Der Druck hat somit keine signifikante Einflussnahme auf die Fehlerintensität Damage.

H1+H2 Regressionsmodell Temperatur und Druck auf Fehlerintensität Damage

Das Regressionsmodel wird auf statistische Signifikanz geprüft.

```
> lmH3 <- lm (Damage ~ Temperature + Pressure, data = SpaceShuttle_
noNA)
> summary(lmH3)

Call:
lm(formula = Damage ~ Temperature + Pressure, data = SpaceShuttle_n
oNA)

Residuals:
    Min      1Q  Median      3Q     Max
-2.8953 -1.0256 -0.5484  0.4116  4.7860

Coefficients:
             Estimate Std. Error t value Pr(>|t|)
(Intercept) 16.280481   4.535211   3.590  0.00183 **
Temperature -0.237049   0.065327  -3.629  0.00167 **
Pressure     0.012486   0.006533   1.911  0.07041 .
---
Signif. codes:  0 '***' 0.001 '**' 0.01 '*' 0.05 '.' 0.1 ' ' 1

Residual standard error: 2.142 on 20 degrees of freedom
Multiple R-squared:  0.4318,   Adjusted R-squared:  0.375
F-statistic:   7.6 on 2 and 20 DF,  p-value: 0.003506
```

Es ist sichtbar, dass das Gesamtmodell eine statistische Signifikanz von p = 0,0035 aufweist. Diese wird von dem signifikanten Einfluss der Temperatur geprägt. Der Druck weißt keine Signifikanz auf und könnte in vereinfachten Modellen entfallen.

H3: Kein Zusammenhang zwischen Temperatur und Ausfallindex Fail bzw. Output.

Das Modell der logistischen Regression, von der Temperatur auf den Output, wird auf statistische Signifikanz geprüft.

```
> summary(logisticresults)

Call:
glm(formula = Fail ~ Temperature, family = binomial(link = "logit")
,
    data = SpaceShuttle_noNA)

Deviance Residuals:
    Min       1Q    Median        3Q       Max
-1.0611   -0.7613   -0.3783    0.4524    2.2175

Coefficients:
            Estimate Std. Error z value Pr(>|z|)
(Intercept)  15.0429     7.3786   2.039   0.0415 *
Temperature  -0.2322     0.1082  -2.145   0.0320 *
---
Signif. codes:  0 '***' 0.001 '**' 0.01 '*' 0.05 '.' 0.1 ' ' 1

(Dispersion parameter for binomial family taken to be 1)

    Null deviance: 28.267  on 22  degrees of freedom
Residual deviance: 20.315  on 21  degrees of freedom
AIC: 24.315

Number of Fisher Scoring iterations: 5
```

Die Temperatur weißt eine statistische Signifikanz von p = 0,032 auf. Die Alternativhypothese wird somit angenommen.

3 Explorative Analyse

Neben der deskriptiven Statistik ist in der Statistik noch die explorative Datenanalyse bzw. erkundende Statistik enthalten. Das Ziel der explorativen Statistik ist es bisher unbekannte Strukturen und Zusammenhänge in den Daten zu finden und hierdurch neue Hypothesen zu generieren. Die explorative Datenanalyse kommt vor allem bei Big Data Anwendungen zu tragen und vermittelt einen schnellen Überblick über den Datensatz und dessen Zusammenhänge.

Für den Datensatz eignet es sich eine umfassende Interaktionsanalyse durchzuführen und die Reihenfolge der Starts zu verschiedenen Variablen anzuordnen um Einflüsse der Zeit zu analysieren. Weiterhin wird eine Weltkarte erzeugt, diese die Space-Shuttles Mission geographisch zuordnet um weitere Möglichkeiten von der Software R zu demonstrieren.

3.1 Interaktionen im Matrixplot

Mittel der Diagramm Matrix werden nochmals alle Daten und dessen mögliche Zusammenhänge dargestellt.

```
> ggpairs (SpaceShuttle_noNA, aes(color = Fail), columns = c("Tempe
rature", "Pressure", "Fail", "Output", "nFailures", "Damage"), titl
e = "Diagramm Matrix")
```

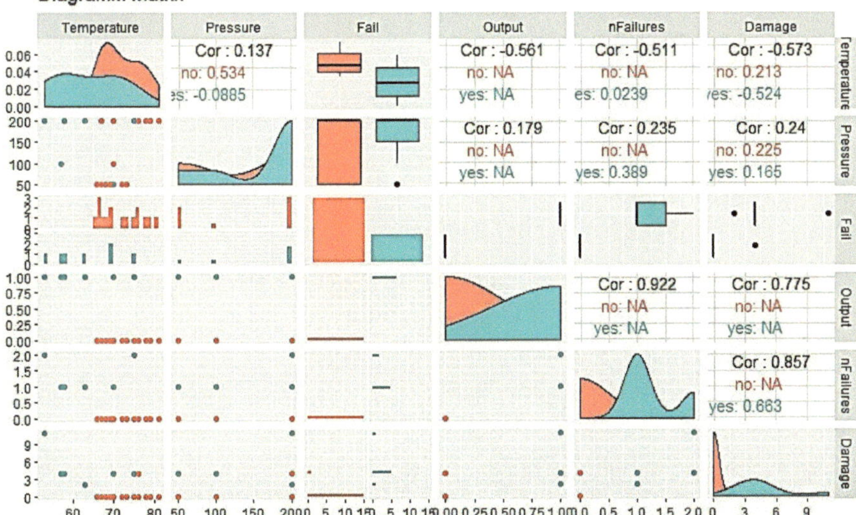

Anhand eines Punktediagramms, in diesem verschiedene Faktoren nochmals separiert wurden ist erkennbar, dass der Fehler Damage nicht 100% mit der Fehlerintensität Damage in Übereinstimmung liegen.

```
> qplot(x = Temperature, y = Damage, data = SpaceShuttle_noNA, face
ts = ~Pressure, size = Damage, color = Fail, main = "Punktediagramm
Matrix")
```

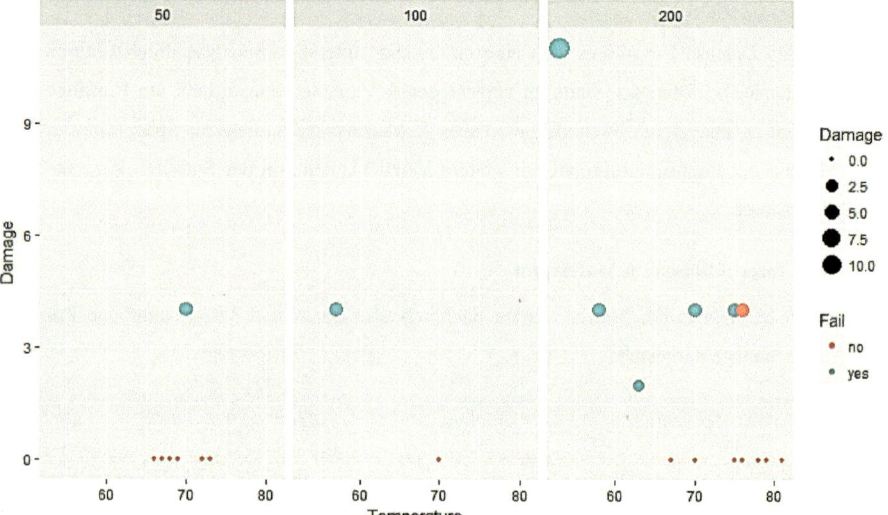

3.2 Zeitliche Darstellungen

Die Startreihenfolge wird genutzt um einen zeitlichen Einfluss der Variablen Temperatur und Druck darzustellen.

```
> qplot(x = X, y = Temperature, data = SpaceShuttle_noNA, geom = c(
"point", "smooth"), main="Time Series Plot Temperature")
> lm (Temperature ~ X, data = SpaceShuttle_noNA)

Call:
lm(formula = Temperature ~ X, data = SpaceShuttle_noNA)

Coefficients:
(Intercept)              X
     66.3952          0.2463
```

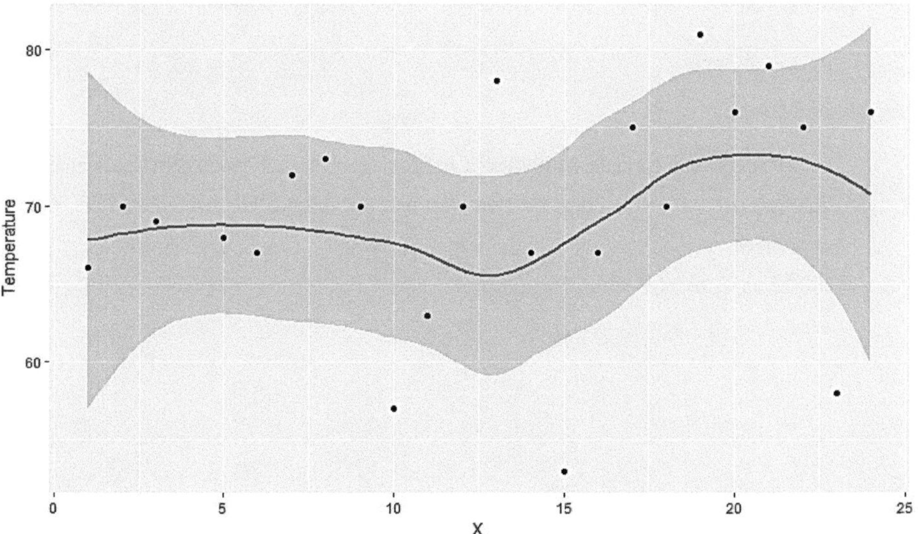


```
> qplot(x = X, y = Pressure, data = SpaceShuttle_noNA, geom = c("po
int", "smooth"), main="Time Series Plot Pressure")
```

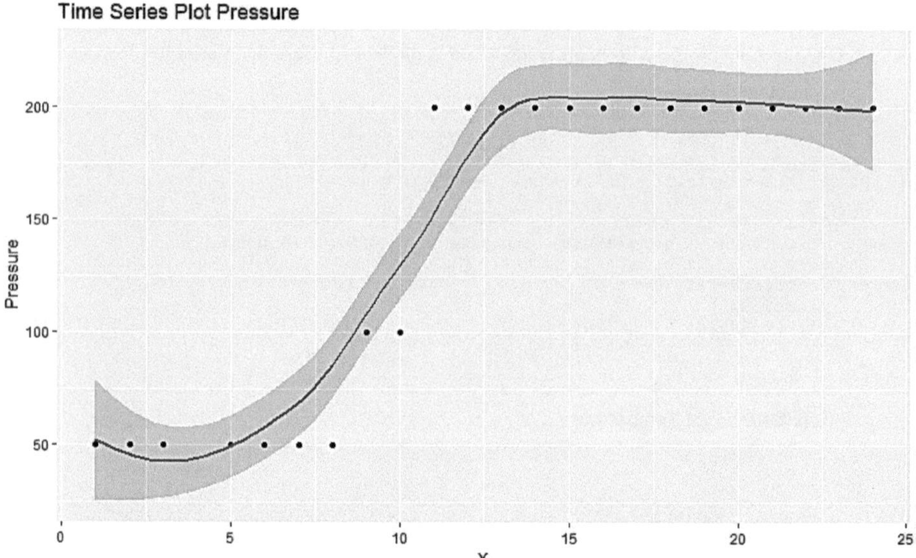

Bei der Temperatur ist keine Auffälligkeit zu beobachten. Jedoch ist bei dem Druck eine Erhöhung auf 100 PSI bei dem neunten Start und auf 200 PSI bei dem elften Start zu verzeichnen.

3.3 Karte des Ereigniss

Bei Mittels der R Paketes „maptools" (https://CRAN.R-project.org/package=maptools)
wird die Mission der NASA noch visuell auf eine Weltkarte dargestellt. Hierzu wird
eine Variable erzeugt die eine 100% Zuordnung der Starts zu den Vereinigte Staaten
von Amerika aufweist. Die Farbpaletten der zugehörigen Funktionen für das betroffene
Land und die nicht betroffenen Länder werden zugewiesen und die Weltkarte wird
erstellt.

```
> data(wrld_simpl)
> ddf = read.table(text="
+                 country value
+                 'United States' 100 ", header=TRUE)
> pal <- colorRampPalette(brewer.pal(3, 'Greens'))(length(ddf$value
))
> pal <- pal[with(ddf, findInterval(value, sort(unique(value))))]
> col <- rep(grey(0.999), length(wrld_simpl@data$NAME))
> col[match(ddf$country, wrld_simpl@data$NAME)] <- pal
> plot(wrld_simpl, col = col, main = "Weltkarte")
```

Weltkarte

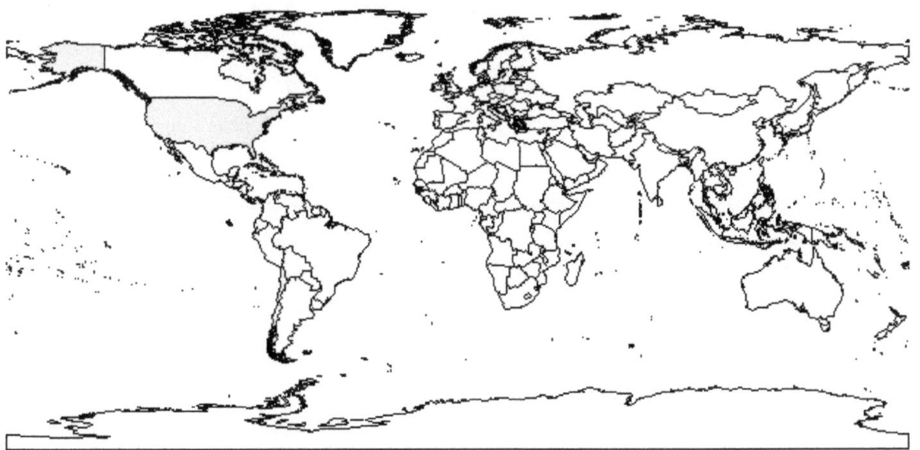

4   Diskussion

Abschließend werden die Schlüsselergebnisse der Studie nochmal komprimiert zusammengefasst und die Grenzen der Analyse aufgezeigt.

4.1   Zentrale Ergebnisse

Zusammenfassend zeigt die Analyse, dass die Temperatur auf die verschiedenen Fehlerkennwerte einen Einfluss hat. Bei höheren Temperaturen traten vermehr mehr Fehler auf, als bei niedrigen Temperaturen. Der Druck zeigte in allen Analysen nur einen sehr schwachen, nicht signifikanten Einfluss auf die Fehler.

4.2   Interpretation

In der Regressionsanalyse zur H1 liegt der Achsenabschnitt der Fehlerintensität Damage bei 16,90, die Steigung der Regressionsgeraden ist negativ. Die Temperatur ist ein signifikanter Prädiktor für die Fehlerintensität Damage und beeinflusst Damage mit -0,22 pro Grad Fahrenheit. P-Wert < 0,05, R^2 = 0,296

Die Regressionsanalyse zur H2 zeigte keinen signifikanten Einfluss des Druckes auf die Fehlerintensität Damage. Der Nullachsenabschnitt beträgt 0,26 und der Prädiktor Druck zeigt eine minimale positive Steigung von 0,01. P-Wert > 0,05, R^2 = 0,01

Das Regressionsmodell Temperatur und Druck auf Fehlerintensität Damage bestätige nochmals diese Ergebnisse. Der p-Wert für die Temperatur zeigt eine Signifikanz und für den Druck nicht. Das Bestimmtheitsmaß für die Güte des Modells steigt jedoch auf R^2 = 0,375. P-Wert < 0,05.

In der logistischen Regressionsanalyse zur H3 liegt der Interceptor bei 15,04 und der Prädiktor der Temperatur bei -0,23. Der p-Wert für die Temperatur zeigt eine Signifikanz von P-Wert = 0,032. Somit kann der Einfluss auf eine Fehlermöglichkeit bestätigt werden.

4.3   Grenzen der Analyse

Die Analyse wurde umfangreich durchgeführt, jedoch wäre noch eine Darstellung der Wechselwirkungen zwischen dem Druck und der Temperatur auf die verschiedenen Fehlerarten von statistischer Bedeutung. Auch die Time Series Plots könnten noch exakter mit einer Zeitreihenzerlegung analysiert werden. Für weitere Analysen wäre es interessant weitere detaillierte Variablen über die Qualität der O-Ringe zu erhalten und diese auf das Schadensausmaß zu bewerten.